Daniel S. Santos

POLARITRINOS:

A TEORIA UNIVERSAL DA FÍSICA

Comentários:

polaritrinos@gmail.com

Escrito e ilustrado por Daniel S. Santos.
Colaboração de Francisca S. Carvalho

ÍNDICE

INTRODUÇÃO 4

POLARITRINOS 5

PROPAGAÇÃO DOS CAMPOS ELÉTRICOS NO ESPAÇO 6

INFLUÊNCIA DOS SPINS 11

ORGANIZAÇÃO DO CAMPO ELÉTRICO 15

ABSORÇÃO DE POLARITRINOS 18

RELAÇÃO ENTRE ELETRICIDADE E INÉRCIA 22

INTERAÇÃO ENTRE CARGAS ELÉTRICAS 25

ORIGEM DOS POLARITRINOS 35

POLARITRINOS E O LIMITE DA VELOCIDADE 36

RELAÇÃO ENTRE ELETRICIDADE E A PASSAGEM DO TEMPO 37

CAMPOS MAGNÉTICOS 41

ORBITAIS ATÔMICOS 45

PRODUÇÃO DE FÓTONS 48

CALOR 54

NEUTRINOS 56

PARTÍCULAS SUBATÔMICAS PESADAS 58

DIFERENÇA ENTRE PÓSITRONS E PRÓTONS 68

FORÇAS NUCLEARES 71

O MOVIMENTO EM CARGAS ELÉTRICAS 76

ORGANIZAÇÃO DOS POLARITRINOS 79

ENTRELAÇAMENTO QUÂNTICO 84

GRAVIDADE 89

MASSA 92

INDEPENDÊNCIA DE REFERENCIAIS 94

VELOCIDADE DA LUZ MEDIDA 96

INCERTEZA 99

DIFERENÇAS NA CONCENTRAÇÃO DE POLARITRINOS 102

BURACOS NEGROS 106

O AFASTAMENTO DAS GALÁXIAS 110

O EFEITO "MATÉRIA ESCURA" 113

LIMITE DO UNIVERSO 117

BIG BANG 121

CICLOS UNIVERSAIS 130

UMA FORÇA FUNDAMENTAL 134

INTRODUÇÃO

Este livro tem como finalidade expor uma nova e melhor forma de entender o universo. Que explica de modo simples e unificado **todas as propriedades da matéria e do espaço**. E que difere das muitas teorias complexas que, atualmente, são candidatas a serem "modelo de universo", que explicam de forma ineficiente aspectos da matéria ou do espaço, sem nunca levarem a um consenso de como o universo realmente funciona.

POLARITRINOS

Entendamos o espaço, sendo composto, não por vazio inerte, mas, por um aglomerado muito denso de partículas constituídas por duas cargas elétricas de sinais opostos que se neutralizam, e que, na presença de cargas elétricas livres, ou seja, não neutralizadas, se polarizam. Partículas que são responsáveis por produzir as características da matéria ao interagirem com ela, e que chamaremos, a partir de agora, de **polaritrinos**.

PROPAGAÇÃO DOS CAMPOS ELÉTRICOS NO ESPAÇO

Considerando que o polaritrino é formado por duas cargas elétricas de sinais opostos neutralizadas uma pela outra, um polaritrino, ao se aproximar de uma carga elétrica livre, como um elétron, por exemplo, terá sua carga elétrica de sinal oposto atraída pela carga elétrica livre, e sua carga de mesmo sinal repelida por esta. Isto provoca um distanciamento entre as duas cargas elétricas que constituem o polaritrino. Distanciamento que aumenta conforme o polaritrino se aproxima mais da carga elétrica livre. O que resulta no surgimento de frações de cargas elétricas efetivas neste polaritrino. E este, adquirindo estas frações de cargas elétricas efetivas, separadas em dois polos de sinais opostos, interage eletricamente com outros polaritrinos e com a matéria.

Desta forma, é possível explicar a propagação do campo elétrico ao longo do espaço, pois, as cargas elétricas dos polaritrinos, que inicialmente estavam neutralizadas, sofrendo um afastamento entre si na presença de uma carga elétrica livre e produzindo frações de cargas elétricas efetivas nos dois polos dos polaritrinos, possibilitam a propagação do campo elétrico da carga elétrica livre pela polarização sequencial de polaritrinos a partir desta carga elétrica livre, com um polaritrino polarizado polarizando outros.

E este campo elétrico diminui de intensidade com a distância, devido a distribuição da força de polarização da carga elétrica livre por um número cada vez maior de polaritrinos, conforme aumenta a distância desta carga elétrica livre. Já que, com o aumento da distância, abre-se espaço para cada vez mais polaritrinos. De modo que, um único polaritrino polarizado poderá polarizar vários outros, distribuindo a intensidade de polarização entre os diversos polaritrinos que este polarizou. E desta forma, estes polaritrinos estarão proporcionalmente menos polarizados, e ao polarizarem outros polaritrinos, distribuirão entre estes uma polarização menor. Até que, em determinada distância, a capacidade de polarização da carga elétrica livre estará distribuída por um número tão grande de polaritrinos, que não será mais possível para a carga elétrica polarizar mais polaritrinos, marcando assim o fim do campo elétrico desta carga elétrica.

O número máximo de polaritrinos que uma carga elétrica livre fundamental pode polarizar é constante.

A propagação do campo elétrico, acontecendo desta forma, explica a dualidade de comportamento de partículas-onda, já que, muito próximo à carga elétrica livre, os polaritrinos estão tão polarizados que se confundem com a carga elétrica de origem. E, sendo o conjunto destas partículas fluído, este se comporta como onda.

FORMAÇÃO DO CAMPO ELÉTRICO A PARTIR DE UMA CARGA ELÉTRICA

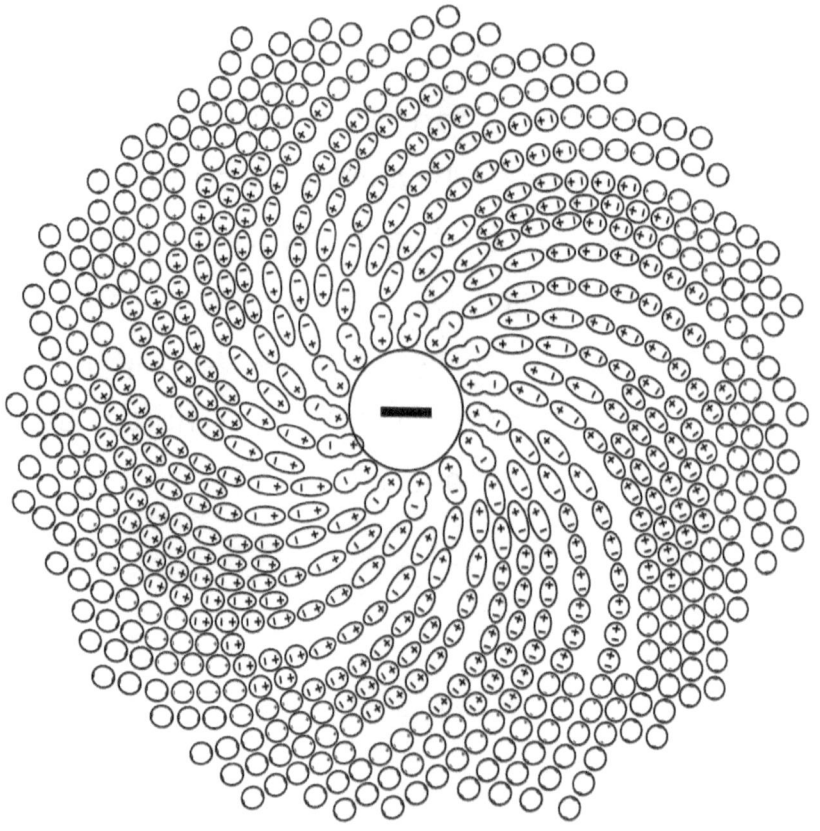

Polaritrinos polarizados ao redor da carga elétrica livre central. Quanto mais próximos da carga elétrica livre, mais polarizados são os polaritrinos.

INFLUÊNCIA DOS SPINS

O movimento de rotação que as cargas elétricas realizam em torno de si mesmas (spin) tem uma grande influência na forma dos campos elétricos, em escala atômica. O spin das cargas elétricas faz com que os polaritrinos polarizados por estas girem, seguindo seus spins. O que, em escala atômica, dá ao campo elétrico das cargas elétricas a forma de um vórtex esférico.

Este movimento rotacional dos campos elétricos é responsável pela órbita dos elétrons ao redor dos núcleos atômicos e pela formação das partículas que compõem o núcleo atômico.

O núcleo atômico possui prótons, e nestes existem cargas elétricas positivas excedentes.

Portanto, cada próton orienta os polaritrinos ao seu redor de forma a transmitir a força elétrica de sua carga elétrica positiva excedente através do espaço.

Se o próton estivesse parado, a orientação da polarização dos polaritrinos ao seu redor estaria sempre perpendicular a ele. Porém, o próton não está parado, mas girando ao redor de si mesmo. Por este motivo, a orientação da polarização dos polaritrinos ao redor do próton não é perpendicular a este, mas forma uma espiral que segue o spin do próton.

Portanto, um elétron que se aproxima do próton, atraído por ele, não seguirá uma trajetória perpendicular ao próton, já que a transmissão das propriedades elétricas se dá através dos polaritrinos, e estes estão orientados em espiral ao redor do próton.

ELÉTRON ENTRANDO EM UM ORBITAL

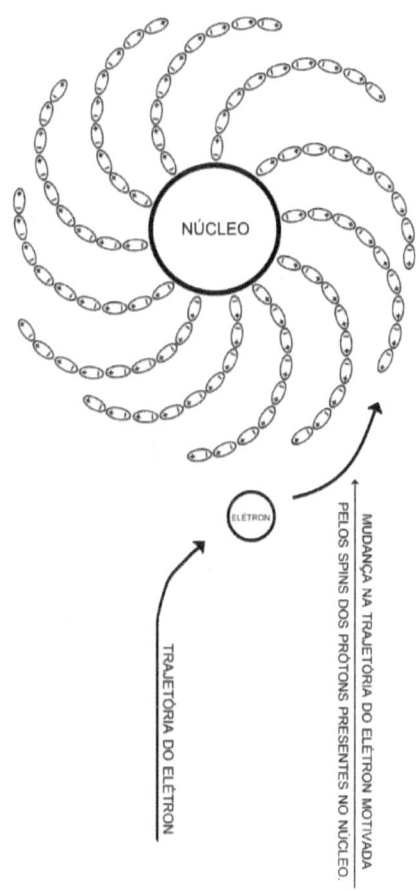

Observando isto, percebe-se que, a tendência do elétron orbitar o próton, no lugar de unir-se a ele, neutralizando-o, é muito grande, e não ocorrerá sem a atuação de uma grande força externa.

Em um núcleo pesado há muitos prótons, e cada um deles possui seu próprio spin, de modo que a transmissão da força elétrica do núcleo para os polaritrinos ao seu redor é muito complexa. No entanto, a transmissão desta força elétrica nunca é perpendicular ao núcleo. Sendo assim, os elétrons atraídos pelo núcleo nunca cairão neste, permanecendo sempre em seus orbitais.

ORGANIZAÇÃO DO CAMPO ELÉTRICO

Ao serem polarizados por uma carga elétrica livre, os polaritrinos adquirem a capacidade de polarizar outros polaritrinos. Com o polo de determinado sinal de um polaritrino, atraindo o polo de sinal oposto de outros polaritrinos, formando assim sequências de polaritrinos polarizados.

Quanto mais distante de uma carga elétrica livre, maior o espaço para a acomodação de polaritrinos. De forma que, cada polaritrino polarizado mais próximo à carga elétrica, poderá polarizar vários outros polaritrinos mais distantes. Formando-se assim feixes ramificados de polaritrinos polarizados que partem da carga elétrica.

Estas ramificações de polaritrinos polarizados são responsáveis pela diminuição da força do campo elétrico em função da distância da carga elétrica. Pois, em cada ramificação, há a distribuição da força de polarização de um polaritrino polarizado para vários outros, o que distribui proporcionalmente a força de polarização inicial.

A partir de uma carga elétrica livre, as ramificações de polaritrinos, que formam o campo elétrico, diminuem gradativamente a força de polarização da carga elétrica, até que, a partir de certo número de ramificações, a força de polarização está tão fraca que um polaritrino polarizado não poderá polarizar mais do que um único outro polaritrino. A partir daí, não ocorrem mais ramificações, somente sequencias simples de polarização, o que marca o fim do campo elétrico.

ABSORÇÃO DE POLARITRINOS

Admitindo a capacidade de se polarizar eletricamente dos polaritrinos, podemos perceber uma seguinte reação entre cargas elétricas livres e polaritrinos:

O polaritrino, sob a ação de uma carga elétrica livre, têm suas cargas elétricas, que estavam inicialmente neutralizadas, cada vez mais polarizadas, conforme se aproxima mais desta carga elétrica livre. Até que, em determinado momento, a carga do polaritrino de sinal oposto ao da carga elétrica livre encosta-se a ela, neutralizando-a parcialmente, sendo desta forma absorvida.

Ao arrastar a carga elétrica de sinal oposto do polaritrino, a carga elétrica livre também arrasta a carga elétrica de mesmo sinal desta partícula, já que as cargas elétricas que formam os polaritrinos estão presas umas às outras. E esta carga elétrica de mesmo sinal presente no polaritrino compensa a neutralização sofrida pela carga elétrica livre. E, este novo conjunto formado por carga elétrica livre mais o polaritrino ligado a ela, por sua vez, atrai outro polaritrino e se une à ele, e o novo conjunto formado absorve mais um polaritrino, e assim por diante.

Este processo se repete, indefinidamente, mas, como os polaritrinos não possuem cargas elétricas efetivas ou massa, pois o que dá massa a matéria é justamente esta absorção de polaritrinos, a carga elétrica livre não aumenta sua massa ou sua força elétrica efetiva, independentemente da quantidade de polaritrinos que absorva.

Antes de serem absorvidos pelas cargas elétricas, os polaritrinos apresentam certa distância uns dos outros, e, ao serem absorvidos por uma carga elétrica, esta distância deixa de existir, o que confina o conjunto formado por carga elétrica livre mais os polaritrinos que esta absorveu em um espaço infinitesimal.

A absorção de polaritrinos pelas cargas elétricas ocorre com uma frequência constante em função do tempo. E esta frequência de absorção não muda, independentemente de onde as cargas elétricas estejam no espaço, ou das forças que sobre elas atuem.

Essa absorção contínua de polaritrinos pelas cargas elétricas produz um efeito de repuxo do espaço, responsável pela atração entre os corpos (gravidade) e pelo movimento das cargas elétricas.

É a absorção de polaritrinos que atribui massa às cargas elétricas.

RELAÇÃO ENTRE ELETRICIDADE E INÉRCIA

O fluxo constante de polarização e absorção de polaritrinos pelas cargas elétricas está profundamente ligado ao movimento dos corpos.

Um corpo é formado por um conjunto de cargas elétricas, e, independentemente da mistura de cargas elétricas presentes neste corpo, cada carga elétrica absorve a mesma quantidade de polaritrinos em um mesmo intervalo de tempo.

Quando um corpo está em repouso absorve a mesma quantidade de polaritrinos em todas as direções, e para que isto mude, é necessária a ação de uma força. Esta força induzirá o corpo a absorver mais polaritrinos em uma determinada direção, e com isto, se movimentar nesta direção.

E uma vez iniciado um aumento preferencial na absorção, este passa a ser constante, já que imediatamente antes de ser absorvido por uma carga elétrica, um polaritrino fica extremamente polarizado, polarizando fortemente outros polaritrinos próximos a ele. Polaritrinos estes, que, por estarem mais polarizados que os demais polaritrinos ao redor da carga elétrica livre, terão maior tendência de serem absorvidos por esta carga elétrica livre em sua próxima absorção. E, ao mesmo tempo, estes polaritrinos mais polarizados atraem a carga elétrica em sua direção mais intensamente do que os demais polaritrinos ao redor da carga elétrica, pois, tem mais força para fazê-lo do que estes polaritrinos, por estarem mais polarizados.

E este aumento no fluxo de absorção de polaritrinos na direção do movimento de um corpo, e consequente diminuição deste fluxo nas demais direções, só mudará sob a ação de alguma força.

Um movimento cada vez mais acelerado de um corpo em uma direção implica que, este corpo absorverá uma quantidade cada vez maior de polaritrinos nesta direção, tendo uma porcentagem maior de sua massa concentrada no sentido do movimento, e uma consequente diminuição da massa nas demais direções. Isso resulta em um aumento da massa do corpo no sentido do movimento.

INTERAÇÃO ENTRE CARGAS ELÉTRICAS

Considerando duas cargas elétricas de sinais opostos distantes uma da outra o suficiente para que seus campos elétricos não interajam, ocorrerá que, o campo elétrico de cada carga elétrica estará organizado no espaço de forma a distribuir seus feixes de polaritrinos polarizados igualmente em todas as direções.

Quando a distância entre as duas cargas elétricas de sinais opostos diminui a ponto de seus campos elétricos se "tocarem", estes campos elétricos passarão a interagir entre si, com os feixes de polaritrinos polarizados de cada carga elétrica se voltando para a direção da outra carga. De forma que, os feixes que formam os campos elétricos das duas cargas elétricas fundem-se, formando um campo elétrico comum às duas cargas elétricas.

Isto ocorre por que cargas elétricas de sinais opostos polarizam os polaritrinos entre elas no mesmo sentido, acentuando a polarização dos mesmos.

Conforme as duas cargas elétricas de sinais opostos diminuem a distância entre elas, os feixes de polaritrinos polarizados, que partem de uma carga elétrica em direção a outra, aumentam sua polarização e diminuem seu volume. Até que, em uma distância extremamente curta, o campo elétrico comum às duas cargas elétricas de sinais opostos fica contido em um volume muito pequeno, que é proporcional à distância entre as duas cargas elétricas. O que dificulta a interação destas duas cargas elétricas com outras cargas elétricas livres.

Como na região entre as cargas elétricas de sinais opostos, os polaritrinos estão mais polarizados do que nas demais regiões ao redor das duas cargas elétricas, estas absorverão, preferencialmente, os polaritrinos desta região. O que provoca a movimentação das duas cargas elétricas, de forma a uma seguir em direção a outra.

Porém, os spins das cargas elétricas fazem com que estas jamais se toquem, pois, a certa distância, a rotação dos campos elétricos das cargas elétricas se dá em uma velocidade maior que a capacidade destas duas cargas elétricas de absorver polaritrinos. E estas passarão, portanto, a orbitarem uma à outra.

CARGAS ELÉTRICAS DE SINAIS OPOSTOS PRÓXIMAS

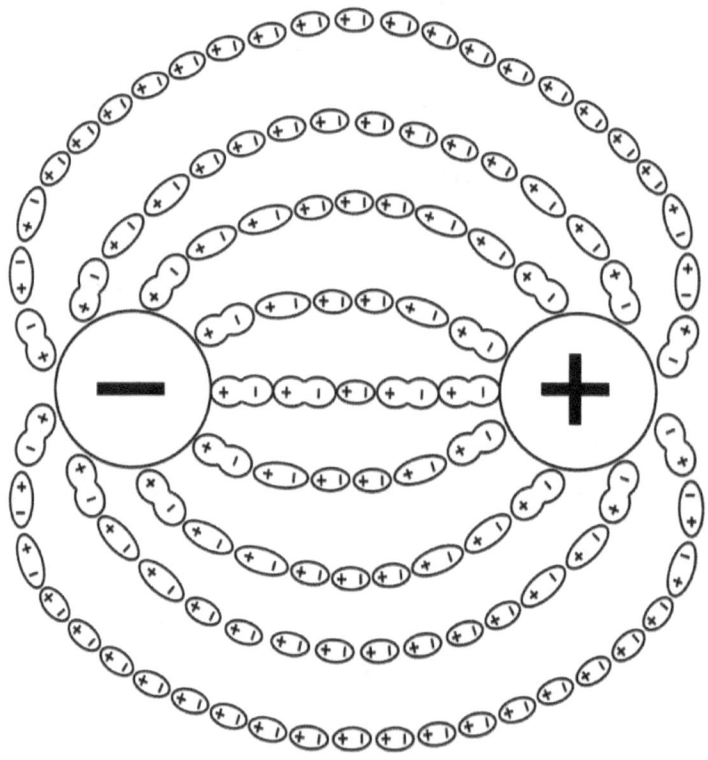

CARGAS ELÉTRICAS DE SINAIS OPOSTOS PRÓXIMAS POSSUEM UM CAMPO ELÉTRICO COMUM ÀS DUAS CARGAS.

Duas cargas elétricas de mesmo sinal, quando próximas, polarizam os polaritrinos entre elas em sentidos opostos, o que provoca uma disputa entre estas cargas elétricas pela polarização dos polaritrinos da região entre elas.

Quanto mais próximas as duas cargas elétricas de mesmo sinal estiverem, mais forte será a disputa destas pela polarização dos polaritrinos entre elas, e, a partir de certa distância, os polaritrinos desta região não serão mais polarizados. Por conta disto, os feixes de polaritrinos polarizados que partem das duas cargas elétricas de mesmo sinal, se direcionam para as outras direções ao redor das duas cargas elétricas.

CARGAS ELÉTRICAS DE MESMO SINAL PRÓXIMAS

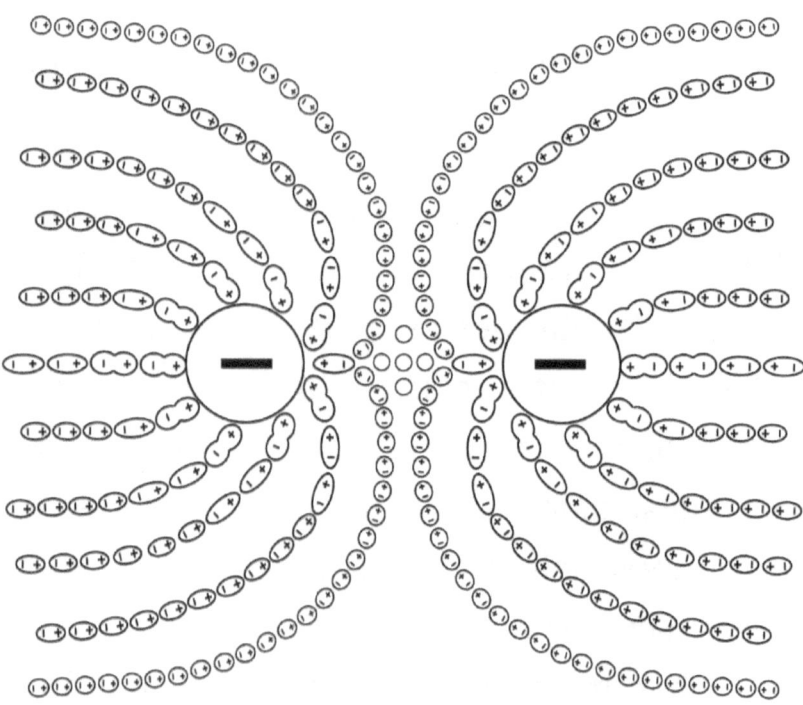

A CONCORRÊNCIA DAS CARGAS ELÉTRICAS PELA POLARIZAÇÃO DE POLARITRINOS AFASTA OS CAMPOS ELÉTRICOS DAS DUAS CARGAS.

O fato de, na região entre as duas cargas elétricas de mesmo sinal, os polaritrinos estarem menos polarizados que nas demais regiões ao redor das duas cargas elétricas, faz com que a absorção de polaritrinos por estas cargas elétricas tenda a não ocorrer nesta região, mas sim nas demais regiões ao redor das duas cargas elétricas. O que provoca o movimento das duas cargas elétricas de mesmo sinal para o sentido oposto à região entre elas, resultando no afastamento destas duas cargas elétricas.

Comparando a aproximação de cargas elétricas de mesmo sinal com a aproximação de cargas de sinais opostos, pode-se verificar que, quando duas cargas elétricas de sinais opostos estão muito próximas, a capacidade de polarização de polaritrinos destas duas cargas tende a se concentrar somente na região entre elas, enquanto que no caso de duas cargas elétricas de mesmo sinal, que estejam muito próximas, a polarização de polaritrinos por estas duas cargas tende a ficar distribuída em todas as direções ao redor das duas cargas elétricas, com exceção da região que fica entre elas.

De modo que, em distâncias muito pequenas, a tendência de movimento das cargas elétricas proveniente da configuração dos campos elétricos destas, que é a responsável pela transmissão da força elétrica entre os corpos eletrizados, se concentra mais entre cargas elétricas de sinais opostos do que entre cargas de mesmo sinal. Pois, entre cargas elétricas de sinais opostos muito próximas, os feixes de polaritrinos polarizados que partem das cargas elétricas tendem a ficarem mais concentrados e mais polarizados que os feixes que partem de duas cargas elétricas de mesmo sinal muito próximas. Além disto, com a diminuição do volume dos campos elétricos, que ocorrem com as cargas elétricas de sinais opostos muito próximas, a capacidade de interação destas cargas com outras cargas elétricas fica diminuída, e o mesmo não ocorre com cargas de mesmo sinal muito próximas. E, desta forma, a atração entre cargas elétricas de sinais opostos é mais forte que a repulsão entre cargas elétricas de mesmo sinal. Porém, esta diferença de força só pode ser percebida quando as cargas elétricas apresentam uma distância extremamente pequena entre elas.

APROXIMAÇÃO DE CARGAS ELÉTRICAS

CARGAS ELÉTRICAS DE SINAIS OPOSTOS: POLARIZAÇÃO DE POLARITRINOS REFORÇADA

CARGAS ELÉTRICAS DE MESMO SINAL: EM PEQUENAS DISTÂNCIAS, A CONCORRÊNCIA ENTRE AS CARGAS PELA POLARIZAÇÃO DE POLARITRINOS IMPEDE A POLARIZAÇÃO DESTES

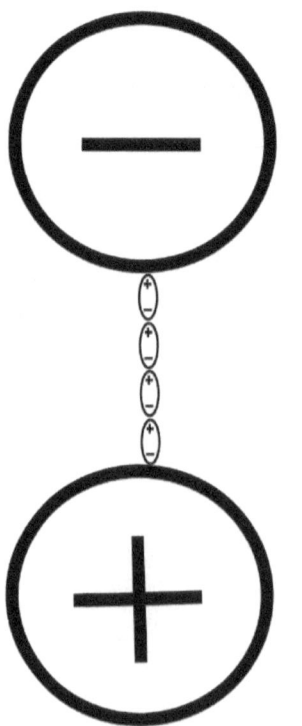
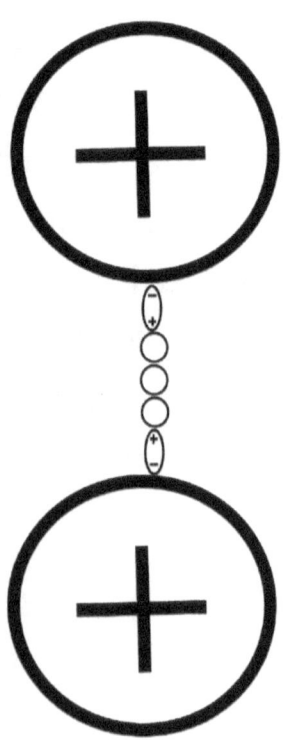

ORIGEM DOS POLARITRINOS

Atualmente, no universo, duas cargas elétricas de sinais opostos não podem se tocar para formar um polaritrino, pois seus spins não permitem, de forma que, para a formação de um polaritrino é necessário um ambiente onde não há, ou há muito poucos polaritrinos. Ambiente este no qual as cargas elétricas não precisam absorver polaritrinos para se locomover, e por isto, esta locomoção não se limita a velocidade da luz, e nem sofre a influência dos spins.

A formação de polaritrinos pela união de cargas elétricas de sinais opostos só foi possível nos momentos iniciais do nosso universo, não ocorrendo mais desde então.

POLARITRINOS E O LIMITE DA VELOCIDADE

Cargas elétricas absorvem uma quantidade constante de polaritrinos em um dado intervalo de tempo. Por este motivo, o movimento dos corpos, que são formados por cargas elétricas, está limitado à capacidade das cargas elétricas de absorver polaritrinos.

Desta forma, a velocidade da luz é a velocidade limite para as cargas elétricas.

RELAÇÃO ENTRE ELETRICIDADE E A PASSAGEM DO TEMPO

Um corpo em repouso absorve uma quantidade constante de polaritrinos em função do tempo, e o faz em todas as direções. Quando este corpo adquire movimento, passa a absorver uma quantidade cada vez maior dessas partículas no sentido do movimento, conforme este movimento aumenta. O que, consequentemente, diminui a absorção de polaritrinos nas demais direções.

Este aumento na absorção de polaritrinos pelo corpo na direção do seu movimento faz com que, cada ação que ocorra no interior deste corpo sofra um retardo temporal, pois os seus movimentos internos, tais como os orbitas dos elétrons, deslocamentos, vibrações atômicas e moleculares, também dependem da absorção preferencial de polaritrinos.

Isto implica que, a passagem do tempo para um corpo depende de como este corpo absorve polaritrinos.

Em um corpo atingindo uma velocidade muito próxima à da luz, a absorção de polaritrinos pelas cargas elétricas que compõem este corpo quase que só ocorrerá no sentido do movimento. O que provocará um grande retardo nos movimentos internos do corpo.

Se fosse possível para um corpo atingir a velocidade da luz, os movimentos internos deste corpo cessariam por completo ao atingirem esta velocidade. Não havendo, portanto, passagem do tempo para este corpo.

Isto porque, para que este corpo atingisse a velocidade da luz, seria necessário que a absorção de polaritrinos pelas cargas elétricas que compõem este corpo ocorresse exclusivamente na direção do movimento, e sendo a absorção de polaritrinos pelas cargas elétricas um fenômeno com frequência invariável, as cargas que compõe este corpo não poderiam realizar absorções extras de polaritrinos para dar continuidade a outros movimentos que não o da trajetória do corpo.

Porém, não é possível para um corpo, formado por um conjunto de cargas elétricas, atingir a velocidade da luz, pois as cargas elétricas presentes nos átomos que compõe os corpos estão muito próximas umas das outras, e por isto, interagem fortemente entre si. De forma que, a força necessária para deter a interação entre estas cargas elétricas e assim induzir absorções de polaritrinos exclusivamente no sentido do movimento, precisaria ser absurdamente elevada.

CAMPOS MAGNÉTICOS

Quando uma carga elétrica se desloca no espaço, produz um campo magnético que se distingue do seu campo elétrico. Este campo magnético possui sempre uma orientação (polos magnéticos). E é possível verificar sua forma, calcular sua intensidade de acordo com a distância da origem do campo e saber sua orientação.

Mas o que é um campo magnético?

Pensemos como um campo magnético se forma: Uma carga elétrica parada não possui campo magnético, mas quando se desloca o produz.

O movimento de uma carga elétrica livre por entre polaritrinos provoca uma deformação do campo elétrico desta carga elétrica no sentido do movimento. Deixando polaritrinos polarizados parcialmente orientados para a posição anterior da carga elétrica e seguindo o spin desta, formando uma espiral que segue a carga elétrica.

Este efeito produz um campo elétrico modificado, que não transmite a força elétrica na direção da carga elétrica que o produziu, mas, na direção de seu movimento e de seu spin. O que modifica completamente seus efeitos sobre outras cargas elétricas. Produzindo, assim, o efeito que se conhece como magnetismo.

Campos magnéticos com polos iguais postos lado a lado se repelem, pois, os polaritrinos polarizados que os constituem estão organizados de forma a apontar frações de cargas elétricas de mesmo sinal umas em direção às outras.

Campos magnéticos com orientação dos polos invertida, postos lado a lado, se atraem, pois, os polaritrinos polarizados, que formam estes campos, estão organizados de forma que cada campo magnético volta, um para o outro, frações de cargas elétricas de sinais opostos.

Sendo assim, um campo magnético é, tão somente, a deformação de um campo elétrico formado por sequências de polaritrinos polarizados.

FORMAÇÃO DE CAMPO MAGNÉTICO A PARTIR DE UMA CARGA ELÉTRICA EM MOVIMENTO

VISTA LATERAL DA CARGA ELÉTRICA EM MOVIMENTO

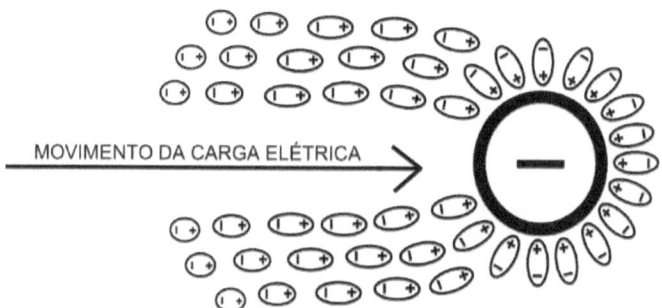

MOVIMENTO DA CARGA ELÉTRICA →

VISTA POR DETRÁS DA CARGA ELÉTRICA EM MOVIMENTO

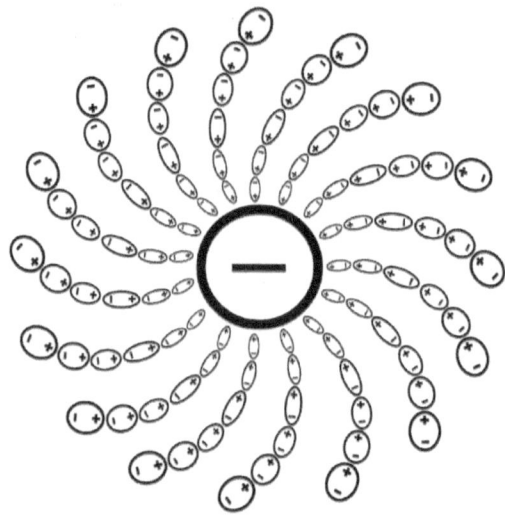

ORBITAIS ATÔMICOS

Duas cargas elétricas de sinais opostos, quando próximas, têm seus campos elétricos orientados de forma a produzir um campo elétrico comum às duas cargas elétricas, cujo volume é proporcional à distância entre as duas cargas.

Há, portanto, uma diminuição no volume dos campos elétricos destas cargas elétricas.

Quando cargas elétricas de mesmo sinal estão próximas, o volume de seus campos elétricos se soma, aumentando o volume resultante dos campos elétricos destas cargas.

Um núcleo atômico possui um campo elétrico resultante, proporcional a quantidade de prótons que possui, e, um elétron orbitando este núcleo terá grande parte do volume de seu campo elétrico diminuído pela proximidade ao núcleo. Ao mesmo tempo, este elétron suprime parte do campo elétrico do núcleo.

Na região da eletrosfera, próxima aonde um elétron órbita, o campo elétrico do núcleo ficará, portanto, anulado pela interação com este elétron. Sendo esta a razão pela qual a eletrosfera dos átomos se divide em camadas, já que, entre as camadas não há campo elétrico efetivo vindo do núcleo.

APROXIMAÇÃO DE CARGAS ELÉTRICAS DE SINAIS OPOSTOS

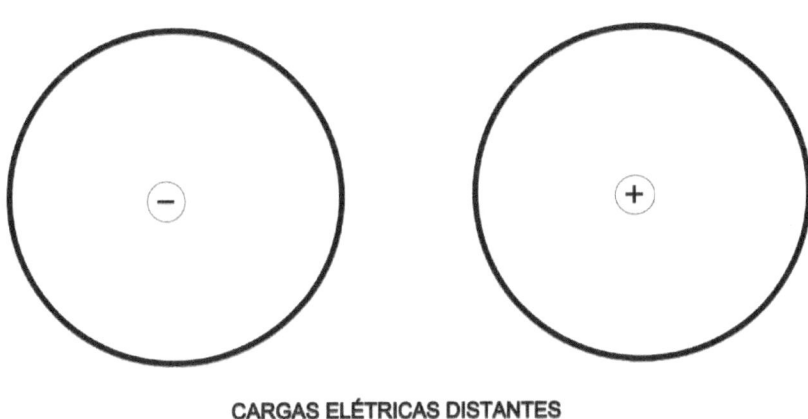

CARGAS ELÉTRICAS DISTANTES

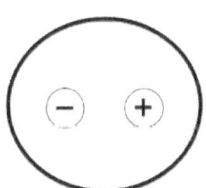

CARGAS ELÉTRICAS PERDEM VOLUME DE SEUS CAMPOS ELÉTRICOS
AO SE APROXIMAREM

PRODUÇÃO DE FÓTONS

Quando um elétron, orbitando um átomo, salta para uma camada mais externa da eletrosfera deste átomo, passa a estar sob uma influência menor do núcleo, e, por este motivo, o campo elétrico deste elétron aumentará de volume.

Ao retornar para a camada eletrônica de origem, o elétron terá o volume de seu campo elétrico diminuído novamente.

A diferença entre o volume do campo elétrico do elétron, quando este está em uma camada mais externa da eletrosfera, e o volume do campo elétrico deste mesmo elétron, quando este retorna para a camada mais interna da eletrosfera, é ejetada do átomo durante a mudança de camada eletrônica.

A porção do campo elétrico do elétron que não pôde acompanhá-lo na mudança de camada eletrônica é constituída por polaritrinos polarizados que não estão unidos a qualquer carga elétrica. Mas, por estarem polarizados, estes polaritrinos são capazes de polarizar outros polaritrinos, porém, ao fazê-lo, perdem sua polarização. De forma que, há uma transferência de polarização entre polaritrinos, que ocorre à velocidade da luz. E, como nesta onda de transferência de polarização a quantidade de polaritrinos polarizados é constante ao longo do tempo, pois não ocorrem ramificações nas sequencias de polaritrinos polarizados, mas sim, transferências simples de polarização de um polaritrino para outro polaritrino, não há dissipação da polarização inicial.

Quando a diferença entre a influência do núcleo atômico na camada mais externa da eletrosfera, onde se encontra um elétron, e sua influência na camada mais interna, para onde este elétron salta, é grande, a porcentagem do campo elétrico do elétron que poderá acompanhá-lo na mudança de camada é pequena. E, como a mudança de camada ocorre rapidamente, a porção do campo elétrico do elétron que não pôde acompanhá-lo é separada do elétron rapidamente, e se espalha pouco no espaço. Resultando em um fóton com um pequeno comprimento de onda, e com grande quantidade de polaritrinos polarizados em cada região da onda.

Quando a diferença de influência do núcleo atômico entre a camada mais externa da eletrosfera, de onde parte um elétron, e a camada mais interna, para onde este elétron se move, é pequena, a porção do campo elétrico deste elétron que pode acompanha-lo na mudança de camada é grande. E, neste caso, a mudança de camada eletrônica não ocorre bruscamente, de modo que, a parte do campo elétrico do elétron que não pode acompanhá-lo na mudança de camada eletrônica ficará bem distribuída no espaço, devido à movimentação do elétron. Resultando em um fóton com um grande comprimento de onda, que conterá poucos polaritrinos polarizados em cada porção da onda.

PRODUÇÃO DE FÓTONS

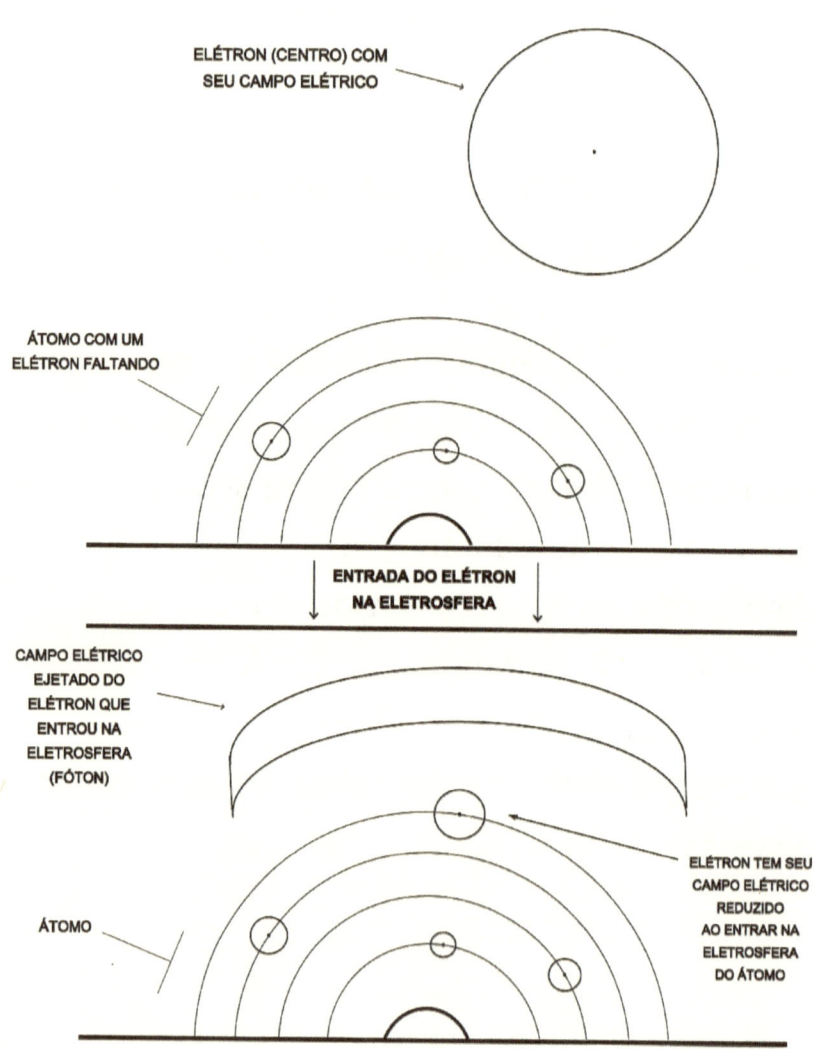

ESTRUTURA DO FÓTON

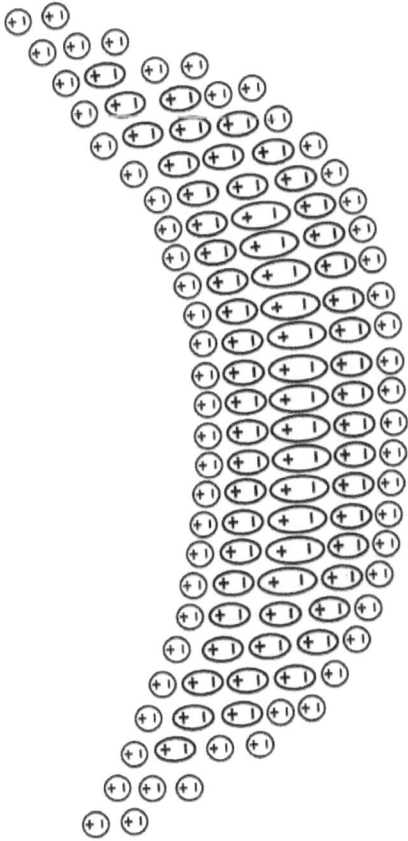

POLARITRINOS POLARIZADOS
QUE FORMAM UM FÓTON

CALOR

Quando um elétron salta de uma camada mais externa da eletrosfera de um átomo para uma camada mais interna, ejeta o volume de seu campo elétrico que não pôde acompanhá-lo na mudança de camada eletrônica, sendo grande parte deste campo elétrico expelida do átomo na forma de fóton. Mas, a parte do campo elétrico do elétron que estava voltada para a direção do núcleo é expelida na direção deste, e sofrerá a influência de seu campo elétrico, passando a orbitá-lo.

Esta onda de transferência de polarização entre polaritrinos é capaz de influenciar eletricamente os elétrons e o núcleo do átomo ao qual orbita, provocando vibrações nestas partículas.

Átomos, acomodando diferentes quantidades destas ondas de transferência de polarização, adquirem diferentes estados vibracionais, que resultam em diferentes temperaturas.

NEUTRINOS

Um elétron e um pósitron, ao se aproximarem, atraem fortemente um ao outro. O que provoca um movimento rápido de aproximação dos dois e a diminuição extrema do volume de seus campos elétricos, quando os dois se aproximam a uma distância muito curta, resultando na emissão de raios gama.

No entanto, as duas cargas elétricas de sinais opostos jamais se tocarão para formar um polaritrino, pois, a partir de certa distância, a velocidade de rotação das nuvens de polaritrinos polarizados que formam os campos elétricos de cada uma das duas cargas elétricas é maior que a capacidade das duas cargas elétricas de absorver polaritrinos. De modo que, as duas cargas elétricas passam a orbitarem-se a uma distância extremamente pequena.

E estas duas cargas elétricas livres de sinais opostos, tão próximas, interagindo tão fortemente uma com a outra, e perdendo grande parte de sua capacidade de interagir eletricamente com outras cargas elétricas, são as formadoras do neutrino.

Neste estado, os campos elétricos das duas cargas elétricas são tão pequenos, e estas orbitam uma a outra tão rapidamente que, a interação do neutrino com outras cargas elétricas livres é ínfima.

Embora possuam campos elétricos extremamente reduzidos, as cargas elétricas que formam o neutrino não estão neutralizadas, e por isto, absorvem polaritrinos. Possuindo, portanto, massa.

PARTÍCULAS SUBATÔMICAS PESADAS

No neutrino, as duas cargas elétricas de sinais opostos orbitam uma à outra a uma distância extremamente pequena, e por este motivo, os campos elétricos destas cargas são, também, muito pequenos. Mas, um neutrino, ao aproximar-se de outro neutrino ou de uma carga elétrica livre, à uma distância extremamente curta, interagirá com estas partículas, podendo até mesmo ligar-se a elas, criando uma órbita mutua entre estas partículas.

A estabilidade das ligações entre neutrinos, ou entre neutrinos e cargas elétricas livres, dependerá da distância e do modo como estas partículas se orbitam.

Neutrinos se ligarão quando a carga negativa de um neutrino se aproximar muito da carga positiva de outro neutrino e/ou vice-versa. E a ligação entre neutrinos será muito estável quando as cargas elétricas de um neutrino se ligarem às cargas elétricas de sinais opostos de outro neutrino, com a distância entre os neutrinos ligados sendo a mesma que entre as cargas elétricas que formam cada neutrino.

LIGAÇÕES ENTRE NEUTRINOS

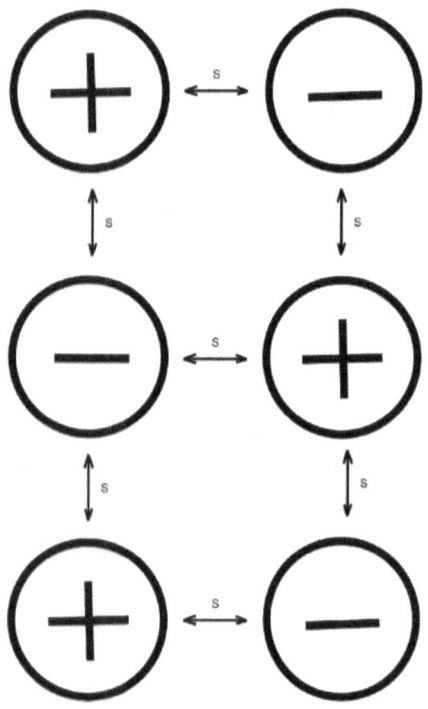

EM UMA LIGAÇÃO ESTÁVEL ENTRE NEUTRINOS, TANTO ENTRE OS PARES DE CARGAS ELÉTRICAS DE SINAIS OPOSTOS QUE COMPÕEM CADA NEUTRINO QUANTO ENTRE OS NEUTRINOS LIGADOS HÁ UMA DISTÂNCIA "S" CONSTANTE, QUE É IMPOSTA PELOS SPINS DAS CARGAS ELÉTRICAS.

Neste caso, a velocidade em que cada carga elétrica orbita outra é igual à velocidade do spin da partícula resultante, pois, as cargas elétricas permanecem paradas umas em relação às outras. De modo que, quando ocorre este tipo de ligação, todas as cargas elétricas dos neutrinos que se ligaram terão suas orbitas orientadas no mesmo sentido, e suas órbitas mutuas resultarão no spin resultante da partícula que se formou.

Este tipo de ligação só e possível pelo fato de, em distâncias extremamente curtas, a atração entre cargas elétricas de sinais opostos ser maior que a repulsão entre cargas elétricas de mesmo sinal.

A estabilidade das ligações entre neutrinos aumenta conforme aumenta a quantidade de neutrinos ligados, já que, cada carga elétrica de cada neutrino estará ligada a um número maior de cargas elétricas de sinais opostos. E, em distâncias tão pequenas, quanto as que ocorrem entre as cargas elétricas formadoras de neutrinos, a força de atração entre cargas elétricas de sinais opostos é muito maior que a força de repulsão entre cargas elétricas de mesmo sinal. Sendo esta força de repulsão apenas forte o suficiente para produzir um pequeno afastamento entre as cargas elétricas que formam os neutrinos.

O fato das cargas elétricas que formam a partícula resultante da união de neutrinos ajustarem suas órbitas de forma a produzir um spin resultante, faz com que as cargas elétricas da superfície da partícula precisem mover-se a uma velocidade cada vez maior, conforme aumenta a quantidade de neutrinos ligados a esta partícula, para que estas cargas elétricas da superfície possam acompanhar o spin resultante de sua união. Havendo, portanto, uma quantidade de neutrinos ligados que não permitirá que mais neutrino sejam acrescentados à partícula. Pois, qualquer neutrino acrescentado além desta quantidade à partícula resultante, precisaria desenvolver uma velocidade maior que a capacidade deste neutrino de absorver polaritrinos no sentido do movimento para acompanhar o spin desta. De forma que, há uma quantidade máxima de neutrinos que podem se ligar.

O nêutron é a partícula subatômica com a maior quantidade estável de neutrinos ligados. Sua formação a partir de neutrinos livres só foi possível nos momentos iniciais do nosso universo, quando havia uma grande quantidade de neutrinos por volume de espaço.

As ligações entre neutrinos e cargas elétricas livres são pouco estáveis na maioria dos casos, já que a carga elétrica livre sofre muito mais a influência de qualquer campo elétrico ou magnético do qual se aproxime do que os neutrinos aos quais esta estiver ligada.

Uma ligação estável entre neutrino e carga elétrica livre ocorrerá quando a carga elétrica livre se aproximar da carga elétrica de sinal oposto presente no neutrino a ponto de provocar um pequeno afastamento da carga de mesmo sinal presente neste neutrino. De modo que, as duas cargas elétricas de mesmo sinal orbitem a carga elétrica de sinal oposto a uma mesma distância, e, consequentemente, com a mesma velocidade.

Na ligação estável entre neutrinos e carga elétrica livre, assim como na ligação estável entre neutrinos, a estabilidade da partícula resultante da união aumenta com o aumento da quantidade de neutrinos ligados nesta partícula. E, da mesma forma que na ligação estável entre neutrinos, a ligação estável entre neutrinos e carga elétrica livre também será limitada pela velocidade que os neutrinos da superfície da partícula resultante devem alcançar para acompanhar o spin desta partícula.

Uma partícula estável formada pela união de neutrinos a uma carga elétrica livre terá sempre massa menor que a do nêutron, já que, nesta estará faltando um elétron como no próton, ou um pósitron, como no antipróton.

Partículas subatômicas resultante de ligações onde há a presença de muitos neutrinos não poderão deslocar-se à velocidade da luz, pois parte da capacidade de absorver polaritrinos das cargas elétricas que as compõe estará sempre comprometida pelos movimentos orbitais internos destas partículas.

O fato de, em distâncias extremamente curtas, a atração entre cargas elétricas de sinais opostos ser maior que a repulsão entre cargas elétricas de mesmo sinal torna possível este tipo de ligação, no entanto, a janela de probabilidade para este tipo de ligação ocorrer é pequena, só podendo ocorrer em ambientes extremamente ricos em neutrinos.

LIGAÇÕES ESTÁVEIS ENTRE NEUTRINOS E CARGAS ELÉTRICAS LIVRES

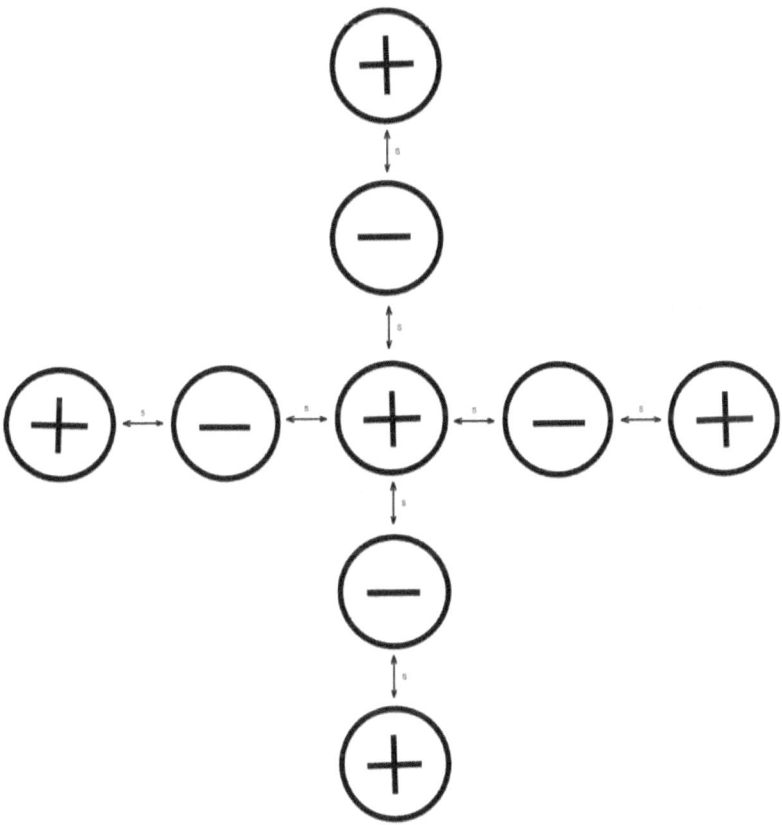

OS PARES DE CARGAS ELÉTRICAS DE SINAIS OPOSTOS FORMADORES DE NEUTRINOS ORBITAM A CARGA ELÉTRICA POSITIVA CENTRAL A UMA MESMA DISTÂNCIA "S", IMPOSTA PELOS SPINS DAS CARGAS ELÉTRICAS.

DIFERENÇA ENTRE PÓSITRONS E PRÓTONS

O próton é formado por um conjunto de cargas elétricas livres no qual há uma carga elétrica positiva a mais em relação ao número de cargas elétricas negativas.

Esta carga elétrica positiva excedente distribui sua força elétrica por toda a superfície do próton. De modo que, o campo elétrico resultante, que parte do próton e transmite a força elétrica da carga elétrica positiva excedente, se inicia a partir de toda a superfície do próton. E sendo o próton muito maior que o pósitron, produz um campo elétrico diferente deste, já que ambos possuem, aproximadamente, a mesma quantidade de polaritrinos polarizados em seus campos elétricos, mas, diferentemente do pósitron, cujo campo elétrico parte de um ponto com tamanho beirando o infinitesimal, o próton possui um campo elétrico que parte de uma superfície muito maior que a do pósitron.

Por este motivo, um elétron, orbita um próton a uma distância muito maior do que a que o faz quando orbita um pósitron. Pois, como do próton partem feixes de polaritrinos polarizados mais espalhados do que os feixes que partem de um pósitron, o elétron, ao se aproximar do próton, não é capaz de direcionar para si a mesma quantidade de feixes de polaritrinos polarizados provenientes do próton que direcionaria para si ao se aproximar de um pósitron. E, por este motivo, o elétron não orbita o próton à mesma distância, nem com a mesma velocidade, de quando orbita um pósitron.

Além disto, um elétron, orbitando um próton, está muito menos preso a este próton pela interação elétrica do que um elétron, orbitando um pósitron, está preso ao pósitron.

FORÇAS NUCLEARES

No próton, a carga elétrica positiva excedente distribui sua força uniformemente em toda a superfície do próton. E ao se aproximar de um nêutron, o próton será fortemente atraído pelas cargas elétricas negativas presente neste nêutron, já que a atração entre cargas elétricas de sinais opostos é muito grande em distâncias extremamente pequenas.

Por serem partículas muito massivas, próton e nêutron não podem orbitar-se, e por isto sincronizam seus spins resultantes de modo que cargas de sinais opostos de cada uma das partículas estejam sempre indo ao encontro uma da outra.

A ligação entre prótons e nêutrons é muito forte, e somada à redução relativa da força de repulsão entre cargas elétricas de mesmo sinal em relação a de atração entre cargas elétricas de sinais opostos em distâncias extremamente pequenas, é capaz de unir grande quantidade de prótons em um núcleo atômico, desde que haja um equilíbrio entre a quantidade de prótons e nêutrons neste núcleo.

Em um núcleo atômico, quando há prótons demais em relação ao número de nêutrons, a força de repulsão entre os prótons é grande demais para ser contida pela ligação com nêutrons. O que provoca, em certo momento, a expulsão de partículas alfa, ou as órbitas das cargas elétricas que constituem os prótons se tornam deformadas, e após certo número de órbitas nesse estado, acabam por emitirem um pósitron, ou formar feixes de polaritrinos polarizados focalizados o suficiente para arrastarem um elétron da camada eletrônica para o núcleo.

Em um núcleo com excesso de nêutrons em relação ao número de prótons, o nêutron que não estiver em uma localização de equilíbrio em relação aos campos elétricos dos diversos prótons presentes neste núcleo, terá as cargas elétricas negativas, que fazem parte de sua constituição, fortemente atraídas para o centro do núcleo. O que provoca a deformação das órbitas das cargas elétricas que constituem este nêutron. E, depois de certo número de órbitas deformadas, a deformação se acumulará até ejetar um elétron deste nêutron.

Quando um núcleo atômico é fragmentado, por algum motivo, nêutrons podem ser arrancados deste núcleo. E um nêutron, por estar fortemente preso a prótons presentes no núcleo, ao ser arrancado de suas ligações, terá pelo menos uma de suas cargas elétricas negativas desviada de sua órbita ao separar- se dos prótons aos quais estava ligado. E, após certo período de tempo seguindo em órbita deformada, esta carga elétrica negativa acaba se separando do nêutron, produzindo, desta forma, próton e elétron livre.

FORÇA NUCLEAR FORTE

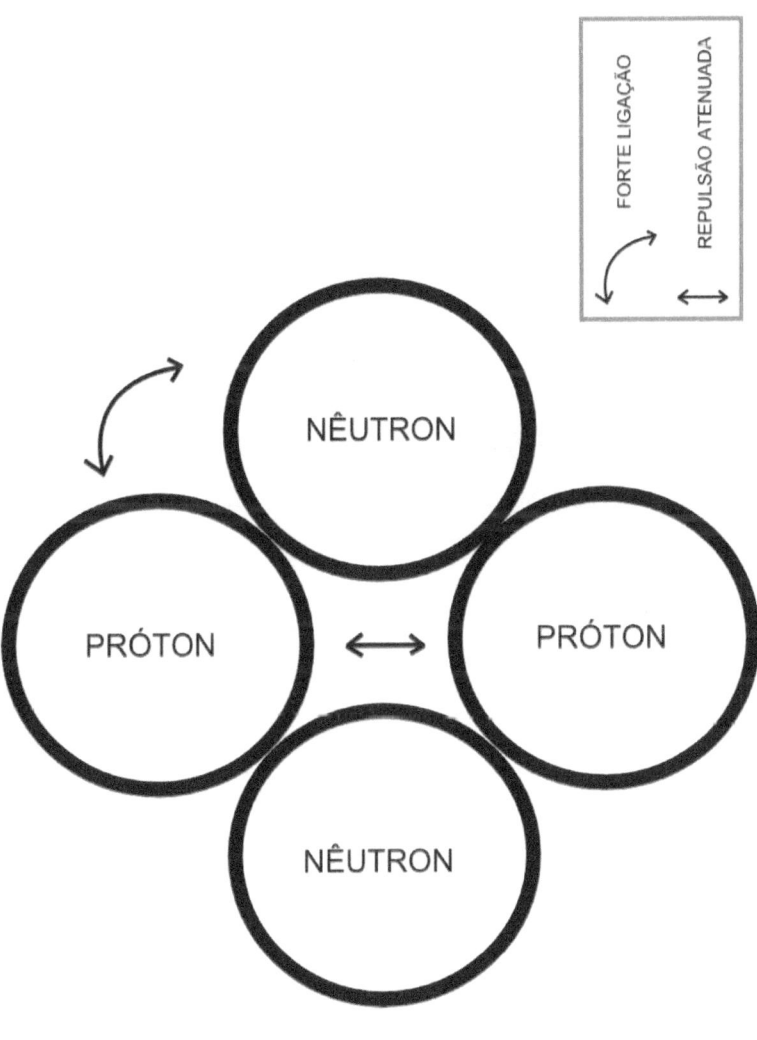

O MOVIMENTO EM CARGAS ELÉTRICAS

Logo antes de ser absorvido por uma carga elétrica, um polaritrino será polarizado muito intensamente por esta carga elétrica, e transmitirá esta polarização para os polaritrinos próximos a ele. Polaritrinos estes que, logo após a absorção do primeiro polaritrino, estarão mais polarizados que os demais polaritrinos próximos à carga elétrica. E, o fato de estarem mais polarizados que os demais polaritrinos resulta em uma maior tendência de estes polaritrinos serem absorvidos pela carga elétrica durante a próxima absorção.

Desta forma, uma carga elétrica fundamental livre, como um pósitron ou um elétron, ao absorver um polaritrino, ganhará movimento no sentido desta absorção. Pois, no lugar deixado pelo polaritrino absorvido estarão outros polaritrinos mais polarizados que os demais ao redor da carga elétrica livre, e, por estarem mais polarizados, atraem a carga elétrica para sua direção.

Uma carga elétrica livre tem, portanto, como característica fundamental o fato de estar sempre em movimento. Mas, o mesmo não ocorre com partículas compostas, como prótons, nêutrons ou antiprótons, já que, nestas partículas, parte do movimento de cada carga elétrica que as compõem está em seguir o spin resultante. O que permite que estas partículas compostas possam ficar paradas no espaço.

Partículas compostas não poderão atingir a velocidade da luz, pois, parte de seus movimentos estará sempre comprometida em seguir o spin resultante da partícula.

ORGANIZAÇÃO DOS POLARITRINOS

Um polaritrino é formado por duas cargas elétricas de sinais opostos que se neutralizam. Porém, na região, de cada uma das duas cargas elétricas, oposta ao ponto onde estas se tocam, permanece uma ínfima fração das propriedades destas cargas elétricas.

O polaritrino, portanto, possui dois polos, onde as propriedades das duas cargas elétricas que o constituem permanecem efetivas, ainda que de forma ínfima.

A presença destes polos faz com que, em regiões do espaço onde não há influência de cargas elétricas livres, os polaritrinos unam-se uns aos outros através de seus polos de sinais opostos. Formando sequências ou fios de polaritrinos ligados, que são estáveis, e somente se romperão sob a ação de uma carga elétrica livre, que os polarizará, ou de um fóton, que os reorganizará.

Durante a formação destes fios não há polarização ou absorção de polaritrinos. Por este motivo, não há limite de velocidade para sua formação. Portanto, estes fios se formam em velocidades muito maiores que a da luz.

Não há, também, um limite para o comprimento que estes fios podem assumir.

Cargas elétricas polarizam polaritrinos até atingir um número destes onde a capacidade de polarização destas cargas elétricas esteja tão distribuída que não permita mais a polarização ramificada de outros polaritrinos, determinando o fim do campo elétrico. E, ao final do campo elétrico de uma carga elétrica livre, todos os polaritrinos polarizados por esta estarão voltando para a superfície do campo elétrico seus polos de mesmo sinal que o da carga elétrica livre.

Os polaritrinos próximos ao término do campo elétrico de uma carga elétrica livre ligam-se aos polaritrinos deste campo elétrico através de seus polos de sinal oposto ao da carga elétrica livre, e, a partir daí, formam fios de polaritrinos ligados, mas, não polarizados o suficiente para produzir ramificações, onde um polaritrino polariza vários outros, como ocorre dentro dos campos elétricos.

Um fóton, sendo uma onda de transferência de polarização entre polaritrinos, também é capaz de organizar fios de polaritrinos ligados, tanto a frente do fóton, como atrás deste. E, a organização destes fios ocorre muito mais rapidamente do que a propagação do próprio fóton, pois, durante a organização destes fios não há polarização de polaritrinos envolvida.

Tanto fótons quanto cargas elétricas livres possuem spin, e, desta forma, fios de polaritrinos organizados por estes também apresentam spin.

A organização dos polaritrinos em fios é responsável por uma caraterística do espaço, semelhante à viscosidade. Pois, estes fios prendem-se uns aos outros, alternando polos positivos e negativos.

Esta coesão entre fios de polaritrinos, embora seja muito fraca quando comparada à força de polarização das cargas elétricas livres, impõe resistência à retirada de polaritrinos dos locais onde se encontram. Por este motivo, cargas elétricas, ao absorverem polaritrinos, deslocam-se na direção da absorção, pois, a resistência ao deslocamento de polaritrinos, que a teia formada por fios de polaritrinos impõe, torna necessário este deslocamento.

ENTRELAÇAMENTO QUÂNTICO

Por não estar ligado a uma carga elétrica, um fóton não possui as ramificações, onde um polaritrino polarizado polariza vários outros, como ocorre em um campo elétrico. Sendo, portanto, sequências simples de transferência de polarização, onde um polaritrino transfere sua polarização somente há um único polaritrino de cada vez, perdendo com isto sua própria polarização. Este fato mantém o número de polaritrinos polarizados em um fóton constante.

Por ser formado por um grupo de sequências simples de transferência de polarização entre polaritrinos, um fóton pode ter cada uma de suas sequências de transferências de polarização influenciada independentemente das outras. O que pode provocar mudanças no formato e na orientação do fóton, quando este sofre alguma influência elétrica.

Fios de polaritrinos organizados podem influenciar levemente a transferência de polarização entre polaritrinos, pois, a posição de seus polos pode facilitar ou dificultar a polarização destes. Podendo, até mesmo, reorganizar as sequências de transferência de polarização que compõem um fóton.

Fótons, produzidos simultaneamente por uma mesma fonte, podem possuir fios de polaritrinos organizados em comum. E desta forma, estarão unidos por estes fios.

Se um de dois fótons unidos por fios de polaritrinos for influenciado eletricamente, de forma a mudar o sentido de seu spin, mas, a influência não for forte o suficiente para romper os fios de polaritrinos que une os dois fótons, a mudança na posição dos fios de polaritrinos organizados que une os dois fótons, provocada pela mudança de spin do fóton, modificará os ângulos das diversas sequências simples de transferências de polarização que formam o segundo fóton. Mudando, desta forma, o spin deste segundo fóton.

Durante a mudança na organização dos fios de polaritrinos não ocorre nenhuma polarização ou absorção de polaritrinos. Não sendo, portanto, um fenômeno limitado à velocidade da luz. Por este motivo, a reorganização da estrutura de um fóton, provocada pela reorganização da estrutura de outro fóton, ao qual esteja ligado por fios de polaritrinos organizados, ocorre em velocidades muitíssimo maiores que a da luz.

ENTRELAÇAMENTO QUÂNTICO

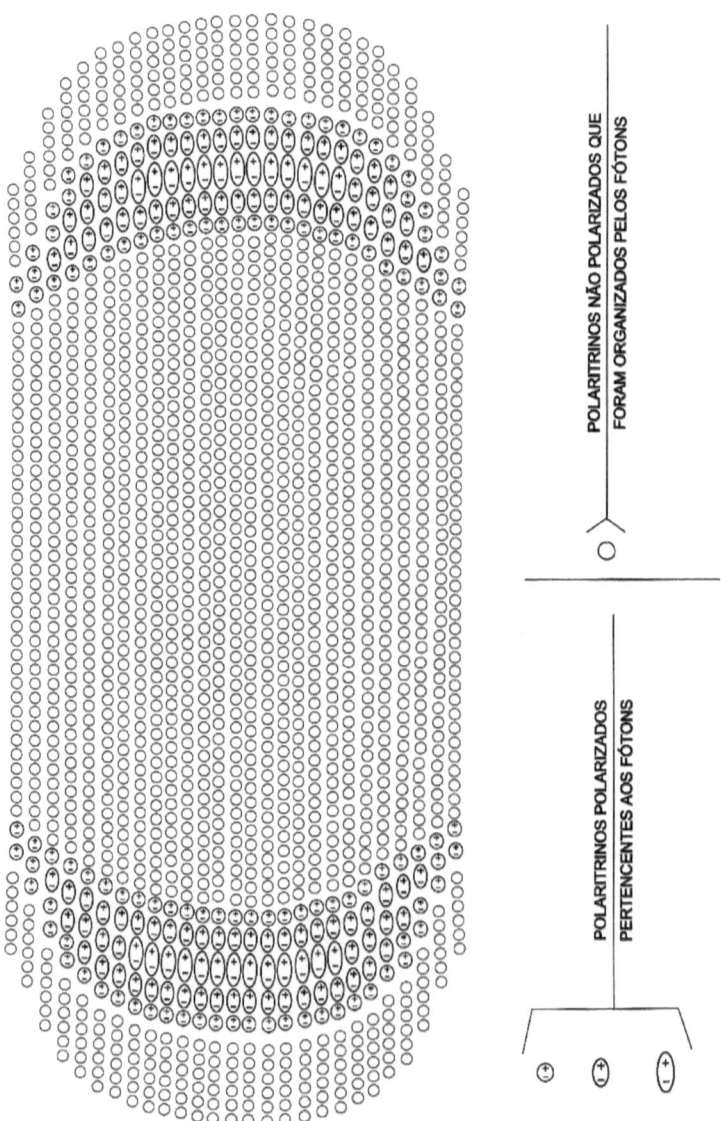

GRAVIDADE

A coesão que existe entre os fios de polaritrinos que formam o tecido do espaço faz com que as cargas elétricas movam-se ao absorver polaritrinos. De forma que, a absorção de polaritrinos sempre estará associada ao movimento das cargas elétricas.

Uma única carga elétrica livre, ao absorver polaritrinos, produz movimento na direção da absorção, e com isto, arrasta os polaritrinos das demais direções que não a do movimento.

Isto ocorre porque, durante a absorção de um polaritrino por uma carga elétrica, o polaritrino que está sendo absorvido fica extremamente polarizado, e induz aos polaritrinos próximos a ele uma intensa polarização. E estes polaritrinos fortemente polarizados, aumentam intensamente a coesão entre os fios de polaritrinos do espaço à frente da absorção da carga elétrica. E este aumento na coesão dos fios faz com que estes sejam capazes de segurar a carga elétrica livre durante a absorção. Assim, esta carga elétrica livre acaba por arrastar os demais polaritrinos ao seu redor na direção do movimento. De forma que, considerando apenas uma carga elétrica livre, o repuxo do espaço provocado pela absorção de polaritrinos desta carga elétrica só pode ser sentido, de forma mais intensa, no espaço atrás desta.

Uma única carga elétrica livre, portanto, produz um fluxo gravitacional que se concentra em apenas em uma direção e sentido, que é a mesma direção e sentido do deslocamento da carga elétrica.

Quando muitas cargas elétricas se organizam para formar um corpo, cada carga elétrica produz um fluxo gravitacional em uma direção e sentido diferente. E quanto maior for o número de cargas elétricas livres presentes em um corpo, maior será o fluxo gravitacional deste corpo, e este fluxo se manifestará em um número maior de direções.

MASSA

Um corpo em repouso absorve a mesma quantidade de polaritrinos em todas as direções em um dado intervalo de tempo, e por isto, este corpo não possui movimento, somente fluxo gravitacional, ou seja, força gravitacional.

Ao adquirir movimento, um corpo passa a absorver mais polaritrinos no sentido deste movimento e menos nos demais sentidos. De forma que, a massa, ou seja, a capacidade de absorver polaritrinos apresentada por um corpo, aumenta no sentido do movimento e diminui nos demais sentidos.

O mesmo ocorre com o fluxo gravitacional de um corpo em movimento, que aumenta no sentido do movimento e diminui nos demais sentidos.

Como cada carga elétrica absorve polaritrinos com frequência invariável, pode-se estabelecer que a massa de um corpo é a quantidade de cargas elétricas livres presentes neste corpo, ou a capacidade deste corpo de absorver polaritrinos.

INDEPENDÊNCIA DE REFERENCIAIS

Estabelecendo que um corpo em repouso é aquele que absorve a mesma quantidade de polaritrinos em todas as direções, e que um corpo em movimento é aquele que absorve mais polaritrinos no sentido do movimento do que nos demais sentidos, podemos perceber que o movimento de um corpo depende de como este corpo absorve polaritrinos e não da variação de sua posição em relação à um referencial.

A velocidade de um corpo é a porcentagem de polaritrinos absorvidos por este corpo no sentido do movimento em relação à totalidade da absorção de polaritrinos apresentada por este corpo, em certo intervalo de tempo. E esta velocidade também independe da variação de posição do corpo em relação a um referencial.

Se a velocidade de um corpo não depende da variação de posição deste corpo em relação a um referencial, o atraso na passagem do tempo para este corpo, imposto pela velocidade apresentada por este, também não depende de um referencial.

VELOCIDADE DA LUZ MEDIDA

Nas medições que demonstram a invariabilidade da velocidade da luz em relação aos movimentos de afastamento ou aproximação apresentados pelo observador em relação às fontes da luz medida, esta invariabilidade ocorre devido à capacidade das cargas elétricas de retirar polaritrinos das regiões onde estes se encontram e concentra-los ao seu redor. Pois, ao polarizar polaritrinos, as cargas elétricas aumentam muito a "viscosidade" do espaço ao seu redor. E ao se locomoverem, arrastam consigo este espaço, direcionando seu fluxo gravitacional no sentido do seu movimento. E sendo a luz, transferência de polarização entre polaritrinos, esta está sujeita ao arraste imposto pelo fluxo gravitacional. E como este arraste aumenta no sentido do movimento do corpo que produz o fluxo gravitacional, a luz, ao se aproximar de um corpo que se afasta de sua fonte, tem sua velocidade aumentada por este arraste gravitacional. Porém, o mesmo não ocorre com a mesma intensidade quando a luz se aproxima de um corpo que se move em direção à fonte da luz, pois a maior parte do fluxo gravitacional deste corpo está no sentido oposto ao deslocamento da luz.

A velocidade extra que a luz adquire ao se aproximar de um corpo que se desloca no mesmo sentido de sua propagação é equivalente à velocidade do deslocamento deste corpo. E, por este motivo, ao se medir a velocidade da luz, quando esta se propaga no mesmo sentido do deslocamento de um corpo ou no sentido oposto, a velocidade medida será a mesma.

INCERTEZA

O campo elétrico de uma carga elétrica livre é muito sensível à qualquer influência elétrica externa, seja esta proveniente de fótons ou de campos elétricos de outras cargas elétricas.

Estas influências elétricas modificam constantemente o volume, a forma e a orientação do campo elétrico de uma carga elétrica. E estas modificações no campo elétrico acabam produzindo variações na trajetória e velocidade da carga elétrica.

Em um núcleo atômico, as cargas elétricas positivas excedentes distribuem sua capacidade de polarizar polaritrinos pela superfície dos prótons presente no núcleo. E como cada próton possui seu próprio spin, e o próprio núcleo também possui spin, o campo elétrico que parte do núcleo é muito variável e complexo. E um elétron orbitando o núcleo reagirá a cada variação no campo elétrico do núcleo com variações em sua trajetória, velocidade, e no formato, volume e orientação de seu campo elétrico.

Desta forma, é impossível prever a posição apresentada em determinado momento de um elétron orbitando um núcleo, nem sua velocidade ou trajetória, sem conhecer, com exatidão, as variações que ocorrem no campo elétrico do núcleo, além da influência dos campos elétricos dos outros elétrons do átomo, ou ainda, influências elétricas vindas de fora do átomo.

A grande sensibilidade das cargas elétricas à qualquer mínima variação de influências elétricas torna impossível que qualquer medição nestas seja feita sem influencia-las, já que, para serem realizadas, as medições precisarão utilizar campos elétricos, ainda que provindos de átomos neutros, ou fótons.

A hipersensibilidade das cargas elétricas às influências externas faz com que sempre haja incerteza ao se tentar determinar suas posições, trajetórias ou velocidades, pois estas variam constantemente.

DIFERENÇAS NA CONCENTRAÇÃO DE POLARITRINOS

Ao polarizarem polaritrinos, as cargas elétricas livres passam a atraí-los, e, por este motivo, concentrá-los ao seu redor, retirando-os de regiões próximas do espaço. De forma que, nas regiões do espaço próximas ao término de um campo elétrico, haverá uma concentração de polaritrinos muito menor do que na região onde se encontra o campo elétrico.

Estrelas, buracos negros, galáxias, poeira espacial, ou seja, toda grande concentração de massa reúne grandes quantidades de polaritrinos ao seu redor, e para fazê-lo, retira-os de outras regiões do espaço.

Afastando-se do centro de uma grande concentração de massa, haverá uma diminuição gradual na concentração de polaritrinos, já que, quanto maior a distância das cargas elétricas presentes nesta concentração de massa, menor será a capacidade destas de polarizar polaritrinos e, consequentemente, concentra-los. E, quanto maior a concentração de massa, maior será a diferença na concentração de polaritrinos que esta massa imporá ao espaço ao seu redor.

Independentemente da concentração de polaritrinos na região do espaço onde se encontra uma carga elétrica, esta absorverá polaritrinos com uma frequência constante, já que é capaz de retirá-los de outras regiões do espaço. Por este motivo, o fluxo gravitacional gerado por certa quantidade de massa, por esta absorver polaritrinos, irá variar em função da concentração de polaritrinos presentes na região do espaço onde se encontra esta massa.

Quanto menor a concentração de polaritrinos na região do espaço onde se encontra uma determinada quantidade de massa, maior será o volume de espaço que esta massa deslocará, pela ação da gravidade, em função do tempo. Pois, absorvendo uma quantidade constante de polaritrinos em função do tempo, um maior volume de espaço é necessário para suprir esta absorção.

Cargas elétricas e os polaritrinos polarizados por estas, atraem-se mutuamente. E, por este motivo, se em um dos lados do campo elétrico de uma carga elétrica houver mais polaritrinos do que nos demais lados, haverá um movimento desta carga elétrica no sentido da maior contração de polaritrinos, devido à resistência que os fios de polaritrinos apresentam ao serem deslocados de outras regiões do espaço, já que os fios de polaritrinos apresentam, uma coesão entre si. E, quanto maior a concentração de polaritrinos, maior é a resistência que estes apresentam ao serem deslocados das regiões onde se encontram, pois, com uma concentração maior, cada polaritrino poderá se prender a um número maior de outros polaritrinos, aumentando assim a "viscosidade" de regiões de maior concentração de polaritrinos. E, ao arrastar fios de polaritrinos, as cargas elétricas também serão arrastadas por estes.

BURACOS NEGROS

A gravidade de um buraco negro é gerada pela absorção de polaritrinos de cada uma das cargas elétricas presentes neste somadas. A imensa quantidade de cargas elétricas produz um grande fluxo de polaritrinos em direção a este imenso aglomerado de cargas elétricas, no qual cada carga elétrica permanece com suas propriedades de forma inalterada.

Em um buraco negro, o imenso fluxo de polaritrinos em direção ao seu interior faz com que as cargas elétricas das regiões superficiais do buraco negro só possam absorver polaritrinos vindos de fora do buraco negro. O que, devido ao fato das cargas elétricas se deslocarem no sentido da absorção de polaritrinos, provoca uma pressão nestas cargas elétricas contrária ao fluxo gravitacional.

Como a absorção de polaritrinos nas regiões superficiais do buraco negro se dá apenas em um sentido, as cargas elétricas presentes nesta região perdem a capacidade de interagir eletricamente umas com as outras, paralisando os movimentos de atração ou repulsão. Não havendo, portanto, passagem do tempo para estas cargas elétricas.

Nestas regiões superficiais do buraco negro, o enorme fluxo de polaritrinos de fora para dentro deste é tão grande que produz um movimento de polaritrinos passando pelas cargas elétricas desta região em velocidades maiores que a velocidade da luz. Embora todas as cargas elétricas presentes no buraco negro estejam absorvendo polaritrinos com frequência normal.

Nas regiões próximas ao núcleo do buraco negro, os polaritrinos vêm de todas as direções. Por este motivo, as cargas elétricas presentes nestas regiões podem interagir eletricamente umas com as outras. Havendo, portanto, passagem do tempo.

A força gravitacional faz com que as cargas elétricas presentes nos buracos negros fiquem muito próximas umas das outras, o que dificulta o fluxo de polaritrinos em direção ao núcleo do buraco negro. O que equilibra a diminuição do volume destes buracos negros em relação ao aumento da gravidade provocada pelo aumento de massa durante a formação do buraco negro, já que, as cargas elétricas no interior do buraco negro permanecem possuindo a capacidade de arrastar polaritrinos de outras regiões do espaço para suprir sua taxa constante de absorção de polaritrinos. Isto faz com que, nos buracos negros haja um volume mínimo em relação à quantidade de cargas elétricas presentes nestes.

O AFASTAMENTO DAS GALÁXIAS

Por possuir uma imensa quantidade de massa, as galáxias produzem um grande fluxo de polaritrinos em sua direção, retirando-os de outras regiões do espaço, e concentrando-os ao seu redor.

As regiões entre as galáxias sofrem subtrações constantes de polaritrinos por parte destas galáxias. E quando as galáxias estão distantes o suficiente para que as regiões com alta concentração de polaritrinos que estas produziram ao seu redor não se toquem, as regiões entre elas se tornam regiões com baixa concentração de polaritrinos, devido à concorrência, por parte destas galáxias, pela subtração dos polaritrinos presentes nestas regiões.

Sendo as regiões entre as galáxias afastadas entre si, regiões com baixa concentração de polaritrinos, galáxias, absorvendo polaritrinos, terão a tendência de se afastarem destas regiões, pois, quanto menor a concentração de polaritrinos, menor será a resistência que estes apresentarão ao serem deslocados das regiões onde se encontram, e por este motivo, as galáxias sempre se deslocarão em direção às regiões onde a concentração de polaritrinos é maior.

O afastamento das galáxias é, desta forma, um efeito natural da gravidade em grandes distâncias.

EFEITO INERCIAL DE AFASTAMENTO DAS GALÁXIAS

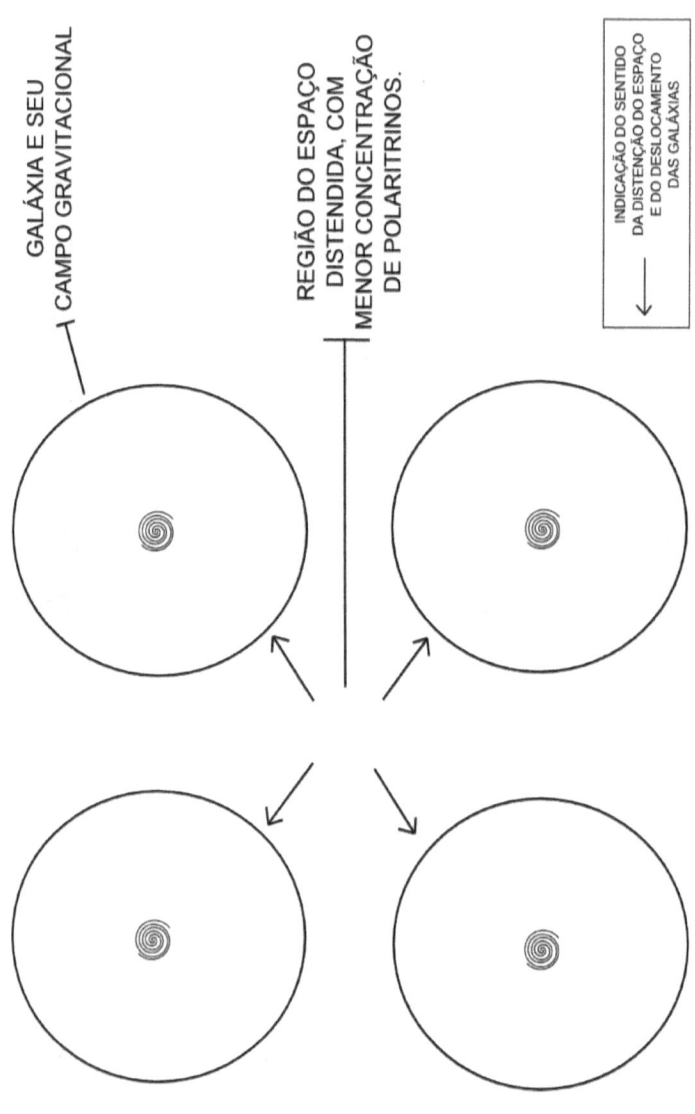

O EFEITO "MATÉRIA ESCURA"

Próximo ao centro das galáxias a concentração de polaritrinos é muito grande, e esta concentração vai diminuindo gradativamente conforme aumenta a distância do centro das galáxias.

Como o volume de espaço deslocado por uma certa quantidade de massa, pela ação da gravidade, em função do tempo, depende da concentração de polaritrinos na região do espaço onde se encontra esta massa, com o volume de espaço deslocado em determinado intervalo de tempo aumentando, conforme diminui a concentração de polaritrinos nesta região, é de se esperar que, conforme aumente a distância de determinada quantidade de massa em relação ao centro de uma galáxia, também aumente gradativamente o fluxo gravitacional desta massa.

Desta forma, astros que orbitam uma galáxia, o fazem aproximadamente ao mesmo tempo, independentemente da distância que estes astros apresentem em relação ao centro da galáxia, pois, a diminuição gradual na concentração de polaritrinos provoca um aumento gradual no fluxo gravitacional dos astros, compensando a diminuição da força gravitacional provocada pelo aumento da distância dos astros em relação ao centro da galáxia.

Em regiões muito afastadas das galáxias, ao redor destas, a concentração de polaritrinos por volume de espaço é muito menor do que em regiões mais próximas a elas. Porém, nestas regiões afastadas das galáxias há uma grande quantidade de massa, representada por poeira, gases, planetas, pequenas estrelas e outras formações. E esta massa, por estar em regiões com baixa concentração de polaritrinos, desloca, pela ação da gravidade, em função do tempo, um volume imensamente maior de espaço do que a mesma quantidade de massa que esteja mais próxima aos centros das galáxias. O que dá a impressão de que, nestas regiões, existe uma quantidade imensamente maior de massa do que na verdade há.

Já nas regiões centrais das galáxias, a concentração maior de polaritrinos faz com que pareça haver nestas regiões uma quantidade de massa menor do que na verdade há.

VARIAÇÃO NA INFLUÊNCIA GRAVITACIONAL EM FUNÇÃO DA VARIAÇÃO NA CONCENTRAÇÃO DE POLARITRINOS

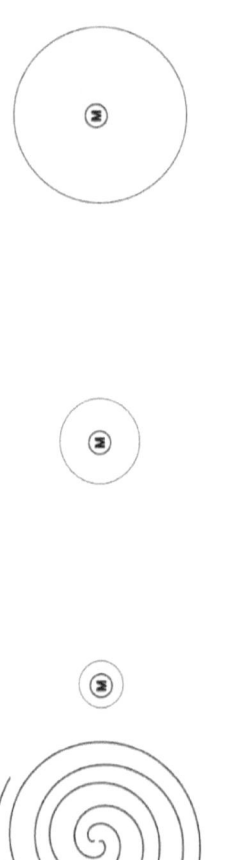

DIFERENTES VOLUMES APRESENTADOS POR UMA MESMA QUANTIDADE DE POLARITRINOS DESLOCADOS POR UMA MASSA (M), EM UM CERTO INTERVALO DE TEMPO, EM FUNÇÃO DA DISTÂNCIA APRESENTADA POR ESTA MASSA EM RELAÇÃO A UMA GALÁXIA.

LIMITE DO UNIVERSO

O evento que deu origem ao nosso universo expeliu uma quantidade imensa de polaritrinos e cargas elétricas livres. Mas, uma quantidade finita. E como em cada polaritrino há uma sobra, ainda que ínfima, de suas propriedades elétricas em cada um de seus polos, estes polaritrinos e cargas elétricas livres não se espalharam indefinidamente, se dispersando, mas se agruparam, devido à interação elétrica entre os polaritrinos, formando nosso universo.

O grande conjunto de polaritrinos e cargas elétricas livres que formam o nosso universo possui um volume. Volume este que diminui constantemente devido à absorção de polaritrinos pelas cargas elétricas livres.

Sendo ondas de transferência de polarização entre polaritrinos, fótons, ao atingirem o limite do volume de polaritrinos que formam nosso universo, polarizam os polaritrinos da última camada deste volume. E ao fazê-lo, os polaritrinos desta última camada não poderão transmitir sua polarização para os polaritrinos a sua frente, pois não há mais polaritrinos para serem polarizados. Por este motivo, estes polaritrinos retornarão sua polarização para os polaritrinos que os polarizaram, e com isto, perdem sua própria polarização. Invertendo, desta forma, o sentido da onda de polarização.

Um fóton, ao atingir o limite do volume do aglomerado de polaritrinos do nosso universo, será, portanto, refletido.

Atualmente, em nosso universo, as galáxias estão se afastando umas das outras. Já o volume do conjunto formado por todos os polaritrinos do nosso universo que ainda não foram absorvidos pelas cargas elétricas livres está diminuindo constantemente.

Por este motivo, as galáxias mais afastadas do centro do universo seguramente, em algum momento, se aproximarão do término do volume de polaritrinos que forma nosso universo. E quando isto ocorrer, estas galáxias interromperão sua locomoção neste sentido e passarão a se locomover no sentido oposto, já que, próximo ao término do aglomerado de polaritrinos a resistência que os polaritrinos apresentam ao serem deslocados da posição onde se encontram é muito menor que nas demais regiões do universo. Pois, nestas regiões, os fios que formam a rede de polaritrinos, que molda o tecido do universo, são mais curtos do que nas demais regiões do universo, e desta forma, cada fio está ligado a uma quantidade menor de outros fios de polaritrinos. E sendo assim, apresentam menor resistência ao serem deslocados dos locais onde se encontram.

BIG BANG

A gravidade surge da interação entre as cargas elétricas livres e os polaritrinos, e, por este motivo, mesmo que toda a massa do universo estivesse reunida em um único local, tornando-se extremamente concentrada, as cargas elétricas ainda manteriam suas propriedades inalteradas, já que, se estas cargas elétricas deixassem de interagir com os polaritrinos, perderiam sua força gravitacional.

Uma quantidade de massa, equivalente a do nosso universo, que, após muitos bilhões de anos, tenha absorvido quase todos os polaritrinos disponíveis, e que esteja extremamente concentrada no espaço, produzindo um grande buraco negro, continuará absorvendo os polaritrinos restantes até que estes finalmente acabem.

E quando estes polaritrinos acabam, a gravidade deixa de existir, e todas as cargas elétricas presentes nesta massa, que não podiam se tocar para neutralizar-se, devido às limitações impostas pela necessidade de absorver polaritrinos para realizar qualquer movimento, passam a se tocar e, desta forma, neutralizam-se em enormes quantidades.

Ao neutralizarem-se, estas cargas elétricas perdem a capacidade de confinar os polaritrinos que absorveram por bilhões e bilhões de anos em um espaço infinitesimal, liberando-os em quantidades e velocidades muito grandes.

Ao liberar os polaritrinos absorvidos, as cargas elétricas que se neutralizaram eliminam as condições necessárias para que o restante das cargas elétricas também se neutralize. E, ao mesmo tempo, a enorme quantidade de polaritrinos liberada, durante seu aumento de volume em altíssima velocidade, arrasta consigo o restante das cargas elétricas que não se neutralizou.

As cargas elétricas arrastadas pelo aglomerado de polaritrinos em expansão deslocam-se em velocidades muito superiores a da luz, pois acompanham o movimento de expansão deste aglomerado. Movimento este que independe da absorção de polaritrinos.

Quase todas as cargas elétricas ejetadas pela grande concentração de massa formam neutrinos, porém, ao interagirem com os polaritrinos fluindo ao seu redor durante a expansão do universo, estas cargas elétricas produziram um gigantesco campo magnético resultante.

Cargas elétricas de sinais opostos produzem campos elétricos que provocam sua atração, mas, ao se deslocarem paralelamente no mesmo sentido, produzem campos magnéticos que tendem a repeli-las.

Cargas elétricas de mesmo sinal produzem campos elétricos que provocam sua repulsão, mas ao deslocarem-se paralelamente e no mesmo sentido, produzem campos magnéticos que resultam em atração entre elas.

Durante a expansão do universo, na maior parte do volume deste, os campos magnéticos produzidos pelas cargas elétricas não foram fortes o suficiente para impedir que cargas elétricas de sinais opostos formassem neutrinos. Porém, em dois polos, que concentravam o efeito magnético de todo o universo em expansão, o campo magnético resultante foi forte o suficiente para produzir uma pequena diferença de concentração entre cargas elétricas de sinais positivo e negativo.

Em um dos polos se concentrava uma quantidade um pouco maior de cargas elétricas positivas, e no outro polo, uma quantidade um pouco maior de cargas elétricas negativas se concentrava.

As cargas elétricas livres excedentes em cada um dos polos ligaram-se aos neutrinos, que, naquele momento do universo, se apresentavam em uma concentração altíssima por volume de espaço, produzindo prótons em um dos polos, e produzindo antiprótons no outro polo.

Depois de certa quantidade de cargas elétricas de mesmo sinal se concentrar à frente de cada um dos polos, o campo elétrico resultante, produzido por estas cargas elétricas, foi forte o suficiente para provocar a inversão dos polos magnéticos ao redor da grande concentração de massa. E, a partir deste momento, no polo onde haviam se formado prótons, cargas elétricas negativas passaram a se concentrar, e no polo onde se formaram antiprótons, cargas elétricas positivas passaram a se concentrar.

A Segunda remessa de cargas elétricas livres excedentes, concentrada à frente dos polos da grande concentração de massa, agora com sinal diferente da primeira remessa, já não contava com a imensa concentração de neutrinos que a primeira remessa encontrou. E por este motivo, não produziu partículas pesadas na mesma quantidade que a primeira remessa de cargas elétricas excedentes, permanecendo, majoritariamente, livre na forma de elétrons e pósitrons.

Por este motivo, em nosso universo, toda a massa não composta por neutrinos está concentrada em dois gigantescos cones, com vértices partindo do mesmo ponto. Em um dos cones há principalmente matéria, e no outro cone há principalmente antimatéria.

SEPARAÇÃO DE MATÉRIA E ANTIMATÉRIA DURANTE O BIG BANG

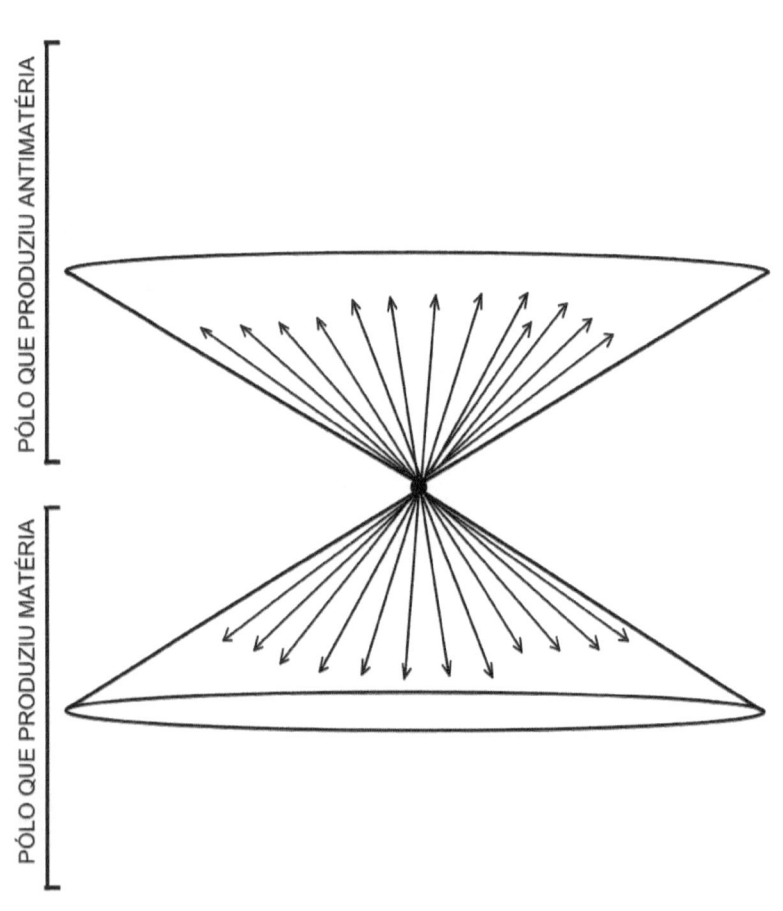

ESTRUTURAS DO UNIVERSO

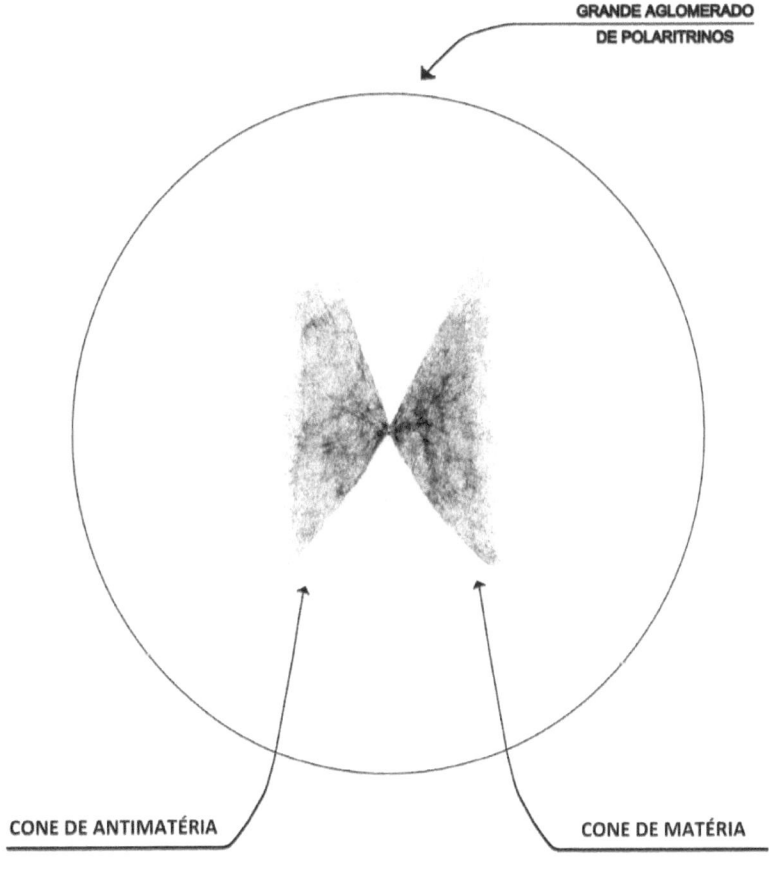

CICLOS UNIVERSAIS

Os polaritrinos em nosso universo estão sendo constantemente absorvidos pelas cargas elétricas, e por este motivo, estes polaritrinos, em um dado momento, certamente se esgotarão.

Durante a evolução do nosso universo, as galáxias, que hoje se afastam, serão obrigadas a se reunir novamente conforme o grande aglomerado de polaritrinos não absorvidos do nosso universo diminui seu volume. Isto porque os fios de polaritrinos apresentam uma resistência ao serem deslocados das regiões onde se encontram, e desta forma, as galáxias, ao absorverem polaritrinos, serão arrastadas pelo grande aglomerado de polaritrinos, não podendo se isolar e absorver sua própria porção de polaritrinos isoladamente.

Deste modo, todas as galáxias se reunirão, conforme o grande aglomerado de polaritrinos diminui seu volume, até formarem um gigantesco buraco negro, que por fim absorverá todos os polaritrinos existentes.

O esgotamento dos polaritrinos dará início ao mesmo processo que deu origem ao nosso universo.

Na superfície de um buraco negro, como o fluxo de polaritrinos só ocorre de fora para dentro, e as cargas elétricas estão muito próximas, a absorção de polaritrinos por estas cargas elétricas só ocorre em um sentido. E, por esta razão, as cargas elétricas deixam de interagir eletricamente umas com as outras, cessando os movimentos de atração ou repulsão entre elas. Não havendo, portanto, passagem do tempo. E, como as cargas elétricas da superfície de um buraco negro encontram-se estacionadas umas em relação às outras, é possível para cargas elétricas de mesmo sinal ficarem muito próximas umas das outras sem que haja movimento de repulsão, conforme o buraco negro vai adquirindo massa.

Por esse motivo, quando uma grande concentração de massa absorve todos os polaritrinos disponíveis, e as cargas elétricas podem se tocar, além da neutralização de cargas elétricas de sinais opostos, que resulta em liberação de imensa quantidade de polaritrinos, cargas elétricas de mesmo sinal também se tocam, repelindo-se violentamente. E esta repulsão é tão forte quanto a ligação entre as cargas elétricas de sinais opostos que formam os polaritrinos. De modo que, cargas elétricas de mesmo sinal se afastando umas das outras em altíssima velocidade são capazes de romper as ligações entre as cargas elétricas dos polaritrinos. Aumentando, assim, a quantidade de cargas elétricas livres presentes no universo, e compensando a neutralização que ocorre entre cargas elétricas de sinais opostos, que diminui a quantidade de cargas elétricas livres no universo durante a sequência de eventos que ocorrem após o esgotamento dos polaritrinos disponíveis.

Desta forma, o ciclo de contração, seguido de expansão e contração novamente, que ocorre no universo, se recicla naturalmente, sendo um fenômeno de alta estabilidade.

UMA FORÇA FUNDAMENTAL

Cargas elétricas polarizam polaritrinos ao seu redor e se unem aos mais próximos, absorvendo-os constantemente.

Absorvendo um polaritrino, em uma determinada direção, uma carga elétrica livre tende a absorver outro polaritrino que esteja nesta mesma direção. Disto resulta a inércia.

Cargas elétricas, estando próximas, interferem na forma de polarizar polaritrinos uma da outra. Deste fato resultam as forças atrativas ou repulsivas que existem entre os corpos eletrizados.

A velocidade de um corpo em movimento é resultado da tendência das cargas elétricas que compõem este corpo em absorver polaritrinos preferencialmente na direção do movimento. E, em velocidades próximas a da luz, a absorção de polaritrinos pelas cargas elétricas presentes no corpo tende a ocorrer quase que somente no sentido do movimento. O que retarda os demais movimentos das cargas elétricas que compõem o corpo. E como a absorção de polaritrinos tende a ocorrer somente no sentido do movimento, a massa deste corpo também se concentrará no sentido do movimento. De forma que, devido ao fato de a absorção de polaritrinos pelas cargas elétricas ocorrer em um fluxo constante, o movimento de um corpo a e passagem do tempo para este corpo concorrem pela absorção de polaritrinos, e por este motivo, estes estarão sempre relacionados.

A absorção de polaritrinos pelas cargas elétricas, não importando a direção na qual ocorra, dá massa à matéria e produz a gravidade.

Neutrinos, partículas subatômicas pesadas, magnetismo de partículas neutras, orbitais atômicos, entre outros fenômenos, são resultado de campos elétricos em espiral, produzidos pelos spins das cargas elétricas.

Diferenças na concentração de polaritrinos, nas diversas regiões do espaço, resultam no afastamento entre as galáxias e, no fato das órbitas dos astros de uma galáxia ocorrerem aproximadamente sincronizadas, independentemente da distância que estes astros apresentem em relação ao centro da galáxia.

Da absorção de polaritrinos pelas cargas elétricas também surgiu o conjunto de fenômenos que deram origem ao nosso universo. E esta mesma absorção nos diz qual será o futuro deste universo.

O grande magnetismo ocorrido durante a rápida expansão do universo, em seus momentos iniciais, permitiu a existência de matéria e antimatéria separadas uma da outra. Motivo pelo qual não há, em nossa região do universo, quantidade significativa de antimatéria.

Força elétrica, movimento, inércia, massa, gravidade, magnetismo, forças nucleares forte e fraca, ondas eletromagnéticas, calor, tempo, polaritrinos. Tudo o que existe no nosso universo provém das propriedades das cargas elétricas. De forma que, eletricidade é a única força fundamental.

www.ingramcontent.com/pod-product-compliance
Lightning Source LLC
Chambersburg PA
CBHW031424210526
45464CB00005B/2034